军事篇

古人有意思

吴晗 著
彭麦峰 绘

北京理工大学出版社
BEIJING INSTITUTE OF TECHNOLOGY PRESS

图书在版编目（CIP）数据

古人有意思．军事篇 / 吴晗著；彭麦峰绘．— 北京：北京理工大学出版社，2023.2

ISBN 978-7-5763-2009-1

Ⅰ．①古… Ⅱ．①吴… ②彭… Ⅲ．①军事史－中国－古代－通俗读物 Ⅳ．① K220.9

中国国家版本馆 CIP 数据核字 (2023) 第 003129 号

出版发行 / 北京理工大学出版社有限责任公司
社　　址 / 北京市海淀区中关村南大街 5 号
邮　　编 / 100081
电　　话 /（010）68914775（总编室）
（010）82562903（教材售后服务热线）
（010）68944723（其他图书服务热线）
网　　址 / http：//www.bitpress.com.cn
经　　销 / 全国各地新华书店
印　　刷 / 河北盛世彩捷印刷有限公司
开　　本 / 880 毫米 ×1230 毫米　1/32
印　　张 / 8
字　　数 / 148 千字
版　　次 / 2023 年 2 月第 1 版　2023 年 2 月第 1 次印刷
定　　价 / 49.00 元

责任编辑 / 朱　喜
文案编辑 / 朱　喜
责任校对 / 周瑞红
责任印制 / 李志强

目录

第四章 宋元之争
别看宋朝"身子弱"，战术可不一般

第五章 已不流行肉搏战的明朝
一言不合，火器来伺候

第六章 输在海上的清朝
骑马打仗可以，水上就不行了

第一章

春秋战国终归秦

“战乱”成为这一时期的代名词

春秋战国，整整打了500多年，天下乱成一锅粥，最后秦王嬴政灭了六国，迎来了大一统的秦朝，但是好景不长，14年后，秦朝也灭亡了。不得不说，春秋战国到秦朝，这500多年，“战乱”一词，不得不成为当时的代名词。

春秋争霸：卧薪尝胆未必赢，关键是有“威震天”

春秋战国时期能者如云，他们大多都有相同的特点：

做事只给你看到表面，

而更深层的东西只有他自己一个人知道。

这些人之中就有一个我们熟知的能者——越王勾践。

自从越国被吴国打败后，

越王勾践便用“卧薪尝胆”的方式激励自己，

最终忍辱负重获得了胜利。

其实，越王的胜利离不开在当时流行的一种攻城神器——砲。

在春秋战国时期，砲还不是我们传统意义上的火炮，而是一种投石机。范蠡作为勾践的军事指挥官，就格外了解这种武器，甚至在自己的兵法中将其记载为“飞石重十二斤，为机发，行二百步”，也就是相当于将今天 2.7 千克重的石头，抛至近 300 米远的地方，威力相当惊人。

春秋战国时期的连年战争给“砲”提供了充足的发挥场所，

只是这时发射的武器是石头，

所以“炮”字回归了最原始的样子，

写作石字旁的“砲”。

《三国志》对“砲”有详细的记载，曹军初战失利，不得不退守。袁绍构筑楼橹，堆土如山，用箭俯射曹营。曹操听从了谋士刘晔的计谋，下令制作发石车，“太祖乃为发石车，击绍楼，皆破，绍众号曰‘霹雳车’”。

这里的霹雳车，就是加装了车轮的砲，即砲车，也就是早期的“炮”。

随着技术的发展，工程师将床弩和投石机结合，创造了弹力投石机。至此，投石机可以较为精确地打击目标了。

在宋代兵书《武经总要》中“凡砲，军中之利器也，攻守师行皆用之”，足见其受重视程度。到了这时，“砲”的类型与体积都在增加，在记载的 8 种投石机中最大的需要 250 人操作，发射的石弹达 45 千克，可射 140 多米。

当然，砲弹也不是一成不变地采用石头，

在特殊情况下也可以用冰块和泥土，

如公元 1004 年契丹攻沧州，城中没有砲石，

就用冰块代替砲石防守。

一直到了公元十世纪，人们发明了火药，

于是石砲进步到了火炮，

不管是杀伤力，还是射击距离，都有了质的提升。

从长武器进一步发展到远距离杀伤武器的炮，人们的手臂又延伸得长一些了。

——吴晗《古人有意思》

大秦一统：嬴政——我要打6个

打架不是谁力气大就能打赢，

打仗更是如此，

没点儿智慧，

最后被人打了你都不知道那人是谁。

战国末期，

秦国统一六国的例子就是一部典型的“兵不厌诈史”。

老实说，实力最强的秦国仅凭一国之力灭掉六国是不现实的，但是最后嬴政却赢了，凭什么？

韩国一看实力不行，慌得向赵国喊救命，

赵国贪图韩国 17 座城池，于是伸出了援助之手。

强大后的秦国采用远交近攻的策略。刚好有个软柿子邻居，于是把目标放在了战国七雄中实力最弱的韩国身上。

秦昭襄王一看，这还得了，

打他赵国！

于是爆发了长平之战。

赵国节节败退，幸亏有个得力大将死守城内，秦军死活攻不下，于是秦国开始使用反间计，派奸细到赵国内部挑拨离间，最后赵王还真上了当，换下了正在死守的廉颇，赵括取而代之。

赵括放弃了廉颇死守的战法，
打开城门主动出击。

结果赵括上了秦军的当，出去就回不来了，
秦国取得了这场战争的胜利。

春秋战国末期，赵国和秦国都是实力很强的大国，**秦国取得长平之战胜利后，实力大增。**而赵国元气大伤，从此一蹶不振，**这加速了秦国统一六国的速度。**

秦国之所以能统一六国，长平一战功不可没，而长平之战之所以胜利，反间计起到了很大的作用，也加速了秦国统一的进程。

所以说，相信读书人的话没有错，遇事多思考对你没坏处。

历史上的治权不是由于人民的同意委托，而是由于凭借武力的攫权、独占。

——吴晗《古人有意思》

末路大秦：打工仔掀起的造反潮

如果说秦国是打出来的，那秦朝的灭亡可以说是膨胀没的，用一句话概括，**即自我膨胀灭亡史。**

秦始皇死后，昏庸的秦二世在赵高的煽动下篡权夺得皇位，开始无法自拔地膨胀起来，横征暴敛，强征百姓为其修建阿房宫和骊山墓地，致使百姓民不聊生，苦不堪言，最终导致大规模的农民起义。

秦二世一看全国起义不断，立刻派出秦朝名将章邯去征讨起义军。由于战事紧急，秦二世赦免了骊山的所有囚徒，把他们组织起来对抗起义军。

你还别说，这支由囚徒组成的军队，竟屡战屡胜，打败陈胜后，又在定陶打败了项梁。

章邯打败项梁后，

带着20万不怕死的死囚渡过黄河跟王离率领的20万秦军会合，一起进攻赵国，

大败赵军后，他们准备合围巨鹿城。

巨鹿城被秦军包围后，各路起义大军欲纷纷前往救援，但刚要动身，**得知秦军40万大军正等着他们**，纷纷被吓得不敢前往。

但是，如此膨胀的秦二世，怎能不结下一两个死冤家？放心吧，总有勇敢的起义军找他算账的，这不，项羽就是其中一个，他带着区区5万人，叫着喊着要去救巨鹿城了。

项羽本来就不想活着回去，于是来了一招**“破釜沉舟”**，

过江后，项羽便命令把所有的船都烧掉，锅都砸掉，只带了3天的干粮，断了将士们的后路。

将士们为了有吃的，先断了秦军的补给，并以迅雷不及掩耳之势击败了王离军团。

项羽大败王离，整顿部队后向章邯发起进攻，其他起义队伍一看项羽打了胜仗，纷纷加入项羽的部队。

再加上赵高乱政，昏庸的秦二世不问青红皂白就派人责备章邯，章邯害怕，索性带着20万死囚加入了项羽的军队。

项羽的实力一下壮大了数倍。

秦朝的灭亡简直就是一场“打工仔反水”的历史。

项羽打赢后，

各路诸侯将领佩服得五体投地，

纷纷跪入项羽军帐，

秦国至此名存实亡。

皇室、中官、外戚、勋臣、地方官吏、豪绅、地主、胥役……这一串统治者重重压迫、重重剥削，他们的财富、他们所享受的骄奢淫逸的生活，是由压榨尽农民身上的血汗所换来的，不知牺牲了多少农民的性命，才能换得他们一夕的狂欢。“尺寸皆夺之民间”，农民之血汗尽，性命过于不值钱，只好另打主意。

——吴晗《古人有意思》

第二章

内斗的两汉

“清理垃圾”，最后还是把自己清理没了

汉代，打来打去还是在汉代里打，打不出一个别的朝代，因为他们大多时候只是在“清理垃圾”而已，但是清理来清理去，把整个汉代“清理”成了两部分，最后干脆把汉代都“清理”没了。

楚汉之争：昨日傲娇鸿门宴，转头自刎乌江畔

如果你的敌人突然说要跟你握手言和，你是信还是不信？如果他邀请你吃一顿大餐，你是去还是不去？

小心，也许这只是敌人的一个计谋。

项羽打败秦军后，秦军有名无实，像一只待宰的羔羊，就看是被刘邦宰了还是被项羽宰了。

你怎么好意思这么说呢？

项羽兄，这个羔羊属于我的。

项羽虽然比刘邦实力强，但是刘邦不服气，抢先进入关中，夺取了胜利果实，项羽一看那还了得，自己打下的江山凭什么要分别人一份?

于是项羽率诸侯军 40 余万入关要消灭刘邦军。

刘邦不足 10 万兵力，哪能抵挡项羽的 40 万大军?

刘邦只好竭力拉拢项羽的叔父项伯代为调解，并亲赴鸿门谢罪，示以诚意，表示归顺。项羽决心动摇，放走了刘邦。

你以为刘邦是吃素的吗？

刘邦从鸿门宴出来后，开始声东击西，
东边打一下，西边又打一下，
搞得项羽两头跑，军力大损。

到了公元前 202 年，经过几年的战争，由于刘邦用人得当，项羽过于刚愎自用，刘邦的优势越来越明显。

成皋一战，汉军大胜，刘邦与项羽彼此讲和，以鸿沟为界，划定了楚汉边界。

鸿沟以西归刘邦，鸿沟以东归项羽。

有过一次鸿门宴的经验，

刘邦的老毛病又犯了，继续说话不算数。

其实，这次讲和，只不过是刘邦的缓兵之计。

仅一个多月的时间，刘邦便约了韩信、彭越、英布三路人马会合一处，把项羽围困在垓下，也就是今天安徽省灵璧县境内。

项羽是被刘邦困住了，但作为一个猛士，哪能轻易投降？刘邦一看一时半会儿不能把项羽彻底打趴下，又用计谋了，命令士兵集体唱歌。项羽一听是家乡的歌，心想刘邦可能已经把楚国的领土占领了，在军营里跟爱人沮丧到极点，受不了失败打击的虞姬，为了不连累项羽，趁项羽不注意，拔剑自刎了。

项羽带着几百猛士突出重围，

刘邦赶紧派大将灌婴带 5000 骑兵追赶。

项羽一边打一边后退，一直退到了乌江边上，没有了退路，

看着江的东面说了一句**“无颜见江东父老”**。

然后，项羽自杀了。

“成则为王，败则为寇。”流氓刘邦，强盗朱温，流氓兼强盗朱元璋，做了皇帝，建立皇朝以后，史书上不都是太祖高皇帝吗？失败了，是贼，是盗，是匪，是寇，尽管他们也做过皇帝。旧史家是势利的，不过也说明了一点，在旧史家的传统概念里，军事的成败决定皇权的兴废，这一点是无可置疑的。

——吴晗《古人有意思》

汉室荣光：刘邦口中的“三个香皮匠”

一个成功的老板身后怎么能缺少几个优秀的员工？

刘邦能够建立汉朝，成为汉高祖，他背后的得力助手功不可没。

刘邦本是一介布衣，

也就是农民，整天游手好闲，却在秦末农民起义的风潮中异军突起，独领风骚。

他打败了西楚霸王项羽，一统天下，成为汉朝的开国皇帝，

他是怎么做到的？

这离不开刘邦的得力助手：

可以说少了他们中任何一个，刘邦的霸业道路就不可能那么顺利。

张良是刘邦身边最重要的谋臣，他屡次在刘邦面临生死存亡之时，为他出谋划策，使他转危为安。

当初刘邦身陷鸿门宴，是他为刘邦献上良策，疏通项伯，刘邦才能够从虎口脱险。

在楚汉之争中，也是他凭着出色的计谋，让刘邦一步步取得胜利，君临天下。

刘邦在沛县起义的时候，萧何就已在他身边辅佐。

萧何心思机敏，对律令非常有研究。

在刘邦占领咸阳后，他接收了咸阳所有的律令等文书，这在日后的楚汉之争中，给了刘邦很大的帮助。萧何有很强的政治手腕，在刘邦与项羽决一死战之时，是萧何保证了刘邦后方的供给和稳定，对刘邦取得最后的胜利有重要作用。

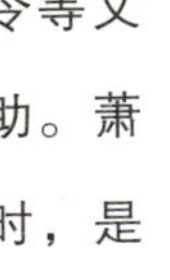

韩信是刘邦身边最重要的武将。

他有着非凡的军事才华，是常胜将军。

在楚汉之争中，是韩信指挥有方，大破楚军，并将项羽围困。也是他命人吟唱楚歌，动摇楚军军心，使楚军不战而逃，这就是“四面楚歌”的由来。所以，韩信为刘邦在楚汉之争中的胜利，立下了汗马功劳。

刘邦曾说过：“论运筹帷幄，一计定乾坤的计谋，我比不上张良；论维护国家、安抚百姓，为前线将领提供粮饷的政治手腕，我比不上萧何；论率领众将士战无不胜的军事才能，我比不上韩信。”

可见这三个人对刘邦的重要性。

刘邦从一个农民一步步到汉朝开国之君，离不开这三人的帮助。善用贤才，使用计谋来争夺天下，利用心理战来击溃对方，才能把控住局势，运筹帷幄。

小说和戏文上常常描写战争，除了战争双方的队伍用几个战士作为大军的象征以外，战争展开的重点通常放在两方主将的搏斗上面，这种表现手法是有历史事实根据的。

——吴晗《古人有意思》

汉武大帝：专治国家的"疑难杂症"

历代王朝都是在马背上打下来的，可见没有优良的战马，在战争中是很吃亏的。

西汉时期，匈奴不断对中原进行袭扰，匈奴人善于骑射，超强的战斗力和对边境的骚扰令人头疼。

汉武帝深知想要打败匈奴就要从骑兵下手，马术上比匈奴强，那么击败他们就轻而易举了。

汉武帝计划第一个进攻的地方就是西域的大宛，

因为大宛有传说中的“汗血宝马”，

也就是大宛马。

大宛马，体形好、听话、速度快、适合长途行军。

大宛虽然只是一个小政权，
可是攻打它并没有想象中那么简单。

因为大宛身处西域，想要攻打大宛，还得跨过匈奴的草原，这一路下来兵马粮草已经损耗了不少，剩下的兵马已经不足以攻打大宛了。大臣们认为没必要为了这么个小政权动真格，都持反对意见。

大宛强攻不下，汉武帝一合计，这区区小政权都拿不下，那其他大点儿的政权会更看不起大汉，那怎么办？

硬

打

！

汉武帝派出了约6万兵，还有10万头牛、3万匹马，驴和骡都以万计，兴师动众的架势让这些小政权都害怕了。

经此一战，汉朝的影响力和威慑力已经在西域诸政权内上升到了一个极高的地位。

打败了大宛得到了30多匹“汗血宝马”后，汉武帝让这些“汗血宝马”以及西域良马与蒙古马杂交，在河西走廊的山丹军马场培育出山丹军马。中原的马种得到改良，汉军的战斗力和军队的装备也因此大幅增强。

有了这样的良马，大汉的战斗兵力增强了，击退匈奴也不再是件困难的事了。加上之前攻打大宛时大汉朝树立起来的威慑力，很快便把匈奴逼退至中原之外了。

汉武帝的策略显然是正确的，攻打大宛不仅培育了骑兵，还建立了威信，让匈奴不攻自破。

赤壁之战：一群演员的自我修养

自古以来打仗都讲究谋略，虽然有些手段过于卑鄙，可是战争可不讲情理，只讲胜败。

东汉末年，曹操平定北方后，企图南下统一全国。刘琮投降曹操后，刘备迅速南逃进驻樊口，此时孙权势力割据在江东六郡。

曹操南下的兵力可以说是孙、刘兵力的两倍之多，可是他太贪心了，竟然想同时攻打孙、刘政权，一统天下。

面对曹操的攻势，孙权原本打算以和为贵，投于曹操的麾下。

刘备得知后急忙派诸葛亮和孙权商讨，最后诸葛亮分析了大局：**曹操虽然强势，可是他们不擅长水军作战，只要孙、刘联合，就有可能打败曹操。**

孙权一想，也对，

自家善于水中作战，这是曹操不能比的，

况且现在时疫暴发，曹操军力不稳。

刘备和孙权一拍即合，决定演一场戏引曹操上当。

孙权命周瑜为大都督，程普为副都督，鲁肃为赞军校尉，
率 3 万精锐水兵，与刘备合军共约 5 万，
溯江水而上，进驻夏口。

曹操送信恐吓孙权，声称要决战于吴地。

周瑜也不是吃素的，他先是让黄盖写了一封投降信给曹操，假装求和。又让黄盖带领几十艘船出发，前十艘船满载浸油的干柴草，用布掩盖住，又插上与曹操约定的旗号，顺着东南风驶向曹营。

接近对岸时，戒备松懈的曹军争相观看黄盖来投降。

此时，黄盖下令点燃柴草，各自换乘小船退走。

火船乘风闯入曹军船阵，顿时一片火海，迅速蔓延至岸边营屯。

孙、刘联军乘势攻击，曹军伤亡惨重。

曹操深知已不能挽回败局，下令烧余船，引军退走。这场著名的以少胜多的战役奠定了三国鼎立的基础。

关羽说：赤壁之战，刘备和吴军戮力破魏，岂能徒劳？连立足之地都没有！达不成协议。正好这时曹操南定汉中，蜀汉北方受到威胁，刘备赶紧与孙权联合，分荆州为二，江夏、长沙、桂阳属吴；南郡零陵、武陵属蜀，以湘水为界，双方罢兵。

——吴晗《古人有意思》

败走白帝城：刘备带兵，曹丕和陆逊都笑了

刘备、关羽、张飞这三个人是历史上有名的异姓兄弟，桃园三结义的故事令人动容，虽不能同年同月同日生，但求同年同月同日死，这三人的情谊非常深厚。

公元 219 年，孙权袭取荆州，杀了关羽，并把关羽的首级献给曹操，刘备一听自己的好兄弟被孙权杀了，气愤不已，孙、刘政权从此结仇。

刘备打算亲自领兵攻打孙吴，为关羽报仇。

赵云和诸葛亮都劝诫刘备，当下最大的敌人是曹魏，而不是孙吴，被仇恨冲昏头脑的刘备根本不听，拒绝了孙吴的求和。

开打之前，黄权毛遂自荐，请命为先锋，

让刘备作为后备军，可是刘备哪里听得进去，

非要亲自拿下孙吴。

刘备气势强大，把孙权吓得不轻，连忙派人求和。

刘备执意要打，孙权也只能硬着头皮上。刘备的军队在夷陵一带的山林中安营扎寨，曹丕听说后，轻蔑地笑了，他说："刘备不懂兵法。"孙权派陆逊为大都督，和蜀军僵持不下。陆逊一寻思，这里都是山地，打起来肯定对自己不利，于是他开始利用地形为自己取得优势。

吴军且战且退，一直以防御为主，直到全部退出了崇山峻岭，把平坦的地方留给自己，把兵力难以展开的数百里长的山地留给了蜀军。

陆逊看时机成熟，下令每人拿一捆枯草，全部向蜀军进攻，就这样，蜀军被大火烧得连破40多营，刘备也灰溜溜地逃走了，在白帝城不敢出来。

这次的夷陵之战，刘备犯了两个错误：

一是没有认清主次，因为荆州之失和关羽之死对孙吴发起战争，破坏了二者的联合；

二是策略上有问题，没有听黄权的忠告，兵力过于涣散，战线过长，自然而然就失败了。

夷陵之战发生于蜀章武元年（221）。这年七月，刘备率军伐吴，孙权写信请和，刘备盛怒不许。到第二年六月，吴将陆逊大破蜀军于夷陵（今湖北宜昌），刘备退屯白帝城。十月，孙权又遣使请和，刘备答应了。这一仗前后历时一年，吴将陆逊坚持守势，捕捉战机，最后以火攻取得大胜，是历史上有名的战役之一。

——吴晗《古人有意思》

疑兵之计：5000守军何以退10万兵马

如果你孤身作战，面对10个对手，你有多少胜算？

你是会用蛮力硬打，还是玩“阴”的逃过一劫？

诸葛亮帮助刘备夺取汉中，大获全胜，辛苦了大半辈子的刘备终于有了属于自己的一块地盘。本来诸葛亮应该领军全身而退，可是在半路又出意外了。

刘禅本来就是个扶不起的阿斗，

诸葛亮又当爹又当妈努力栽培他，

没用！

刘禅听了别人的谗言，以为诸葛亮想谋权篡位，

马上下令让诸葛亮回朝。

诸葛亮这次只有5000个兵，司马懿却有10万兵，

这可如何是好？

诸葛亮想出了一个妙计：兵分五路撤退。

有人问，这不是削减了兵力吗？
哎，诸葛亮的妙计就在这儿。
他让每个士兵退兵之前，都挖双倍的灶。如果有1000个人，那就挖2000个灶；如果有2000个人，那就挖4000个灶。

司马懿知道诸葛亮诡计多端，不敢轻举妄动，直到诸葛亮退兵后，才敢派人去探情况。
奇怪的是，士卒报告说诸葛亮的灶竟然比之前多了一倍。

司马懿大惊，这诸葛亮不会在伏击我们吧。

越想越害怕中计，

司马懿就这样撤兵不追了，再做更好的打算。

诸葛亮没有失去一兵一卒就打道回府了，后来有当地居民告诉司马懿，其实诸葛亮的兵根本没有变多，只是多挖了 1 倍的灶，制造了假象，司马懿知道后懊恼不已，可是已经来不及了。

在古代，打仗要排阵，要讲究、演习阵法。

——吴晗《古人有意思》

第三章

不服就干的隋唐

经济发达，军事也跟着发达起来的朝代

隋唐经济繁荣，军事也跟着发展起来，出现了各式各样的新式武器，战术也跟着提高，于是看不惯谁，就打谁。不管是内部，还是外部，凡是感觉到有威胁的，都以“打”为先。

大业盛世：30万隋军，渡渡河人没了

疑神疑鬼是古代帝王的通病，因为权力太大，整日担惊受怕，就怕别人篡夺自己的皇位，抢夺自己的权力，其实疑心病有时候会害了自己。

公元 611 年，高句丽的婴阳王侵略辽西，隋炀帝一看婴阳王这个小弟平时不来朝拜他就算了，竟然还打起了大哥领地的主意，实在是忍无可忍，立马动兵对高句丽发起战争。

这次隋炀帝下了血本，征集了全国百万兵，**势必要拿下高句丽。**

攻打高句丽需要先渡过辽河，三月天气回暖，冰河解冻，无奈的隋军只能先建桥。高句丽趁隋军建桥时多次偷袭，把隋军折磨得苦不堪言，经过三个多月的坚守，桥总算建好了，隋军过桥成功包围了辽东城。隋炀帝也是个疑心病很重的主，他害怕将领掺杂个人英雄主义孤军深入，于是下令有风吹草动的消息都要向他禀报，得到他的许可后才能行动。这样一来，军事情报的传递就很容易被延误，将士们也畏首畏尾的，高句丽就有了充足的时间进行反击，五个月过去了，隋军也没能攻下辽东城。

隋炀帝心想：这样下去可不行，得改变一下策略。

隋军兵分两路，派 10 万海军和 20 万陆军攻打高句丽的都城平壤，同时剩下的人在辽东城与高句丽周旋。

隋的海军到达了大同江，刚开始还是很警惕的，婴阳王派了一小批军队和他们交战，不一会儿便战败了，隋军将领以为高句丽没多大实力，就发动全部兵力攻打平壤。

平壤不仅城门大开，还无人把守，隋军一进城就看到满地的钱财和武器。隋军在一座寺庙遭遇一队高句丽军的伏击，不过隋军很轻松就打败了他们。隋军以为高句丽的实力不过如此，便开始了对平壤城的掠夺。高句丽又派了几千人的先遣队伏击隋军，毫无防备的隋军被高句丽打得落荒而逃，最后10万大军仅存活3000人。经历了失败后，海军决定在原地等待陆军会合。

隋的陆军也出现了大问题，由于高句丽时不时就对隋的后勤供应进行偷袭，隋炀帝命令士兵们自己背食物。

很多士兵为了减轻负担就把食物扔了，还没到达前线物资就已经很紧缺了。

平壤和鸭绿江之间隔了一条清川江，高句丽早在隋军到鸭绿江之前就对清川江做了手脚。他们在清川江上游修建了大坝蓄水，隋军到达清川江时只剩下浅浅的江水。

正当隋军涉水过江的时候，高句丽的士兵开闸放水，隋军瞬间便被江水吞没。

一大半陆军就这样被江水淹死了，高句丽接着便对隋军发起猛烈的追击，30 万隋军经过这一战，只剩下 2700 多人。

不凭阵图，违背皇帝命令的倒可以不打败仗。道理是他们随机应变，适应客观实际情况。

——吴晗《古人有意思》

贞观之治：初唐名将的十八般武艺

小说和电视剧中常常会描述英雄的武艺有多么高强，打起架来仿佛天神下凡，屡战屡胜。

实际上古代有十八般武艺，也就是 18 种武器，在唐朝初年很盛行这种冷兵器。

稍是初唐时期一种常用的冷兵器，也读作槊，是升级版的长矛。槊的定义很简单，丈八以上的是槊，大概是现在的 2.1 米，不够尺寸的是矛。

槊由金属槊刃和木制槊身组成，比矛沉重，一般有力气的武将才用。槊头是菱形的，能穿破铠甲，可以一击毙敌。

唐太宗的大将尉迟敬德就擅长使用槊，他在战场上能轻松避开四面敌人槊上的刺，也能轻易夺走敌人的槊，反刺敌人，突出重围。唐太宗的兄弟齐王元吉也会用槊，他看不起敬德，要和他比赛。唐太宗让人削去槊上的刃，结果比试过后，元吉没有打过敬德。又比夺槊，元吉的槊被敬德夺去了三次，元吉输了，虽然口头称赞敬德武艺高强，但心里却十分记恨他。

隋朝余党王世充带了数万骑兵来向唐宣战，将领单雄信直奔李世民，危急时刻，敬德用槊刺向单雄信，救下了李世民。**槊对重量也有要求，《宋史·兵志十一》记载：“三年四月，神骑副兵马使焦偓献盘铁槊，重十五斤，令偓试之，马上往复如飞……”**

长武器只能近距离厮杀，稍微远一些就没用了，这时弓箭的作用就显现出来了。

有一种抛掷式的武器叫绢索，武则天时期有个契丹将领叫李楷固，擅于用绢索马槊和骑射。

唐朝还有一种叫陌刀的武器，陌刀的重量相当于现代的10千克，长约1.9米，威力巨大。

《唐六典》说，陌刀是长刀，步兵所用，就是古代的斩马剑。

陌刀的锻造是很费时间和材料的，制作一把陌刀的铁量可以锻造两三把普通刀，十几支枪头，因此陌刀的数量并不多。唐朝政府对陌刀有严格的管制，民间是不允许私藏的，战场上也只有前两三排的武士才拥有威力巨大的陌刀。

流行的武器还有枪、锤、斧等，唐朝军队的组成就是前排持陌刀，中间武将用马槊，后排士兵持弓箭和弩远程射击。每个士兵至少有 3 种武器，火力比秦汉时期强了 3~5 倍，冲击力大。

强有力的军事使唐朝的地位稳固，突厥不敢来犯边境，所以才会有初唐时期贞观之治的繁荣景象。

在远距离的杀伤武器发明以前，战争是人与人的搏斗，枪、刀、剑、槊等都是手的延长。战将和士兵的体力，运用武器的熟练程度，武器的重量和勇敢、机智的结合，在战争中发挥作用。

——吴晗《古人有意思》

对外战争：郭子仪单骑退回纥

俗话说：“牛马才成群，猛兽皆独行。”有勇无谋是莽夫，勇气与智慧并存的人才会被称为英雄。

唐朝有一位著名的军事家郭子仪，他一生中最出色的功绩就是单骑退回纥。

郭子仪手下有一名叫仆固怀恩的将军，仆固怀恩立功却没得到应得的奖赏，一气之下离家出走了。仆固怀恩私自勾结了吐蕃、回纥等少数民族政权发动叛乱。

吐蕃和回纥一直惦记着大唐的财宝和土地，加上仆固怀恩谎称天子驾崩，老帅郭子仪也因唐肃宗听信宦官谗言，被剥夺兵权，不安分的吐蕃和回纥蠢蠢欲动。

公元 764 年，以仆固怀恩为首，率吐蕃联合回纥 30 万大军朝长安城进发。

走到半路，仆固怀恩就病死了。吐蕃和回纥没了领导人，但是也没打算撤兵，一路上依旧把唐军打得节节败退，唐代宗急得焦头烂额，只好请出七十岁高龄的老帅郭子仪。郭子仪打探到吐蕃、回纥虽然表面上和谐，其实内部已经矛盾重重了。他们会合于此是因为仆固怀恩的关系，可是现在仆固怀恩死了，吐蕃和回纥是谁也不服谁。

以郭子仪现在部队的战斗力是不足以打败吐蕃和回纥的，但是正好回纥有一位将领药葛罗和郭子仪有交情，郭子仪便有意拉拢回纥。一开始郭子仪让属下去和药葛罗谈和，可是药葛罗并不相信，因为仆固怀恩说郭子仪已经被小人杀害了，如果要谈和，就让郭子仪亲自来。

这下郭子仪是非去不可了，郭子仪的儿子担忧他的安危，想派 500 个精兵保护他，却被他拒绝了，理由是太多人同行反而会坏事。郭子仪就这样孤身一人闯入回纥军营。药葛罗看到真的是郭子仪又惊又喜，郭子仪劝药葛罗说，唐朝和回纥本来就像亲戚一样，为什么要叛乱呢？

药葛罗解释说是被小人所骗，郭子仪说了打算回击吐蕃的计划，又说吐蕃有数不清的钱财，如果能打败吐蕃，自然好处多多。药葛罗听后当即和郭子仪签订了誓约，联合对抗吐蕃。

郭子仪单骑走敌营，还和回纥订立了盟誓的消息传到吐蕃军营之中，吓得吐蕃的将领们连夜商讨，天还没亮就匆匆撤兵打道回府了。

战争之中决定胜负的关键不是两军人数的多少。郭子仪敢于单骑走敌营，有勇有谋，巧妙发挥了他的军事谋略，不愧是著名的军事家。

小国向大国、弱国向强国或者是臣向君等单方面交纳抵押品，是被认为合理合法的。

——吴晗《古人有意思》

第四章

宋元之争

别看宋朝“身子弱”，战术可不一般

宋朝因重文轻武的国策，看上去文文弱弱，仿佛处处受人欺负，但是可别小看了它，那样的朝代，可是出军事天才的朝代，毕竟逼着文人去打仗，不出奇才才怪呢！

乱世争雄：高平之战，赵匡胤射人先射马

擒贼先擒王，射人先射马，

抓住敌人最脆弱的缺口，才能快速战胜敌人。

公元954年，周太祖郭威去世，养子柴荣继位称帝。

新帝继位，隔壁的北汉主刘崇就想趁机欺负后周。

当时柴荣才30多岁，刘崇已经60多岁了，且柴荣又刚继位，后周无力征战沙场，正是灭后周的好时机，这不明摆着欺负人嘛。

刘崇如意算盘打得啪啪响，他派遣使者与契丹交好。过了一个月契丹就派出10万大军在太原和北汉军会师，企图一举灭亡后周。

柴荣虽然是新帝，却有极强的军事能力，为了击退来犯之敌，他要亲自上战场。柴荣慧眼识金，看出赵匡胤是个人才，便提拔他做禁军将领。柴荣不顾大臣们的劝阻，来到了军营中与士兵们并肩作战，瞬间士气大增。

远远观望，刘崇见后周军队伍人数不及自己的一半，他后悔不该请契丹来帮助。

契丹将领见后周虽然人少，但一个个气势很足，让刘崇不要轻敌。刘崇却不以为然，直接就让自己的将军带兵直冲周营。契丹老将身经百战，看到刘崇如此，气得牙痒，悄悄退兵离开了。

柴荣身先士卒，冲在前方被汉军包围，赵匡胤见情况危急，叫来张永德说："你我二人的手下擅长射箭，待会儿你带兵打左边，我带兵打右边，先把敌人的马腿打了，才能救出皇上。"

这一招果然奏效，雨点般的飞箭向敌营射去，

不一会儿汉军就被打得溃散而逃，

赵匡胤也成功救出了柴荣。

几万人的汉军经过这一战只剩下几百人，四散而逃。

赵匡胤乘胜追击，追了 200 多里，大获全胜，汉军全军覆灭。高平大捷，令原本刚刚继位、地位不稳的柴荣奠定了自身的权威，满朝文武再也没有人敢轻视这位年轻的君王。

这为之后柴荣施政扫清了障碍，也为赵匡胤后来建立宋朝奠定了基础。

在有些场合，斗到相持不下的时候，还得换马。也有这样一种情况，战将本人并未打败，只因马力乏了，或者马受伤了，进退不得，被敌方杀伤，吃了败仗。“射人先射马”，就是这个道理。

——吴晗《古人有意思》

平定之战：宋仁宗是砲兵专业化第一人

在火药没有问世前，古代人打仗都用冷兵器，像“砲”，就是非常流行的大型武器。

宋仁宗时期，因为和西夏矛盾频发，

宋军不得不与西夏打仗。

奇怪的是，宋军的三次出击皆以失败告终，

宋不得不和西夏签订了和平协议，

这让宋仁宗很恼火。

为什么会打不赢，问题出在哪里？

宋仁宗发现，宋军在人数上占有优势，但是在武器上却落后于西夏，原来西夏胜利是因为有砲，这种用石头作为武器的东西砸下来，就得死几个人，宋仁宗很重视。

为了强化军事，宋仁宗先是仿照西夏的砲场，复制出了砲石。

然后他在城北修建了一个砲场，筛选出一批砲兵，专门训练砲兵发射砲石，以求提高精准度和杀伤力。

随着对砲的研究越来越深入，宋仁宗命人对砲石进行改进，又修了一个城西砲场。

宋仁宗每天都抽出一些时间，亲自去砲场看砲兵训练，检阅训练成果。

宋仁宗在军事上为了供养庞大的军队，可以说投入了全部心血和财富，这就不得不压榨人民，导致国库虚耗，不再像之前一样富足。

军事上的日益废弛和冗官的日益严重，使国家实力下滑很多，改革时候调用资源不足，民心也极不稳。

普通老百姓被压迫得无法呼吸，农民起义也越来越多。

1126年金人围攻开封，虽然宋军的砲兵技术成熟，但是金人看到城门外宋军所准备的砲石，立马也架几百座砲，攻打开封，宋军中了砲石，死伤数百。

宋仁宗时侬智高攻广州，把石头琢圆为砲，一发就杀几个人。宋仁宗很重视这一武器，在京城开封城北，专门修建砲场，亲自检阅练习，又修了一个城西砲场。

——吴晗《古人有意思》

宋辽之争：宋徽宗骑驴看账本——赶紧跑

你听没听说过有钱任性这句话？任性到什么程度呢？战场上打不下来的就花钱买！宋徽宗就是这么有钱任性。

宋徽宗正式登上大宋皇位的宝座，刚刚继位的时候，由向太后垂帘听政。

大宋朝的太后没一个靠谱的，似乎跟所有的官家都有仇似的，向太后也是如此，一掌控权力就把宋哲宗留下的变法班子换了个遍，保守派再次回归到朝堂上，双方党争又开始玩得热火朝天。

没多久向太后便驾鹤西去了，宋徽宗亲政后，对于朝堂上的党争，他是睁一只眼闭一只眼，每天像看戏似的看两派争得你死我活。

宋徽宗表示，既然你们不愿意齐心协力地帮我弄钱，那就一起滚蛋吧，我找个愿意帮我弄钱的人来。

还真有人愿意为宋徽宗赚钱，**蔡京当上了宰相**。

眼看国库越来越充盈，西北战事也都是好消息，宋徽宗飘了，这位大搞享乐之风的艺术家皇帝不仅疯狂地痴迷奇花异石，还迷上了道教，宣称自己是神仙转世。

后来金国崛起，金辽大战，辽国战败。

宋徽宗本着和金国联盟的心态给金国送钱，希望两国联军攻打辽国。谁知金国根本不感兴趣。最后经过商谈，还是敲定了“海上之盟”。

结果十几万宋军被辽军的残兵败将打得大败，听到这消息的宋徽宗简直不敢相信自己的耳朵，与之形成鲜明对比的是金军一路南下，所向披靡，直到攻占燕京城都没有遇到阻碍。

说好的燕京城我们取，怎么被金人占领了，宋徽宗赶紧派人前去和金国谈判。

大宋这边表示，希望金人能够遵守海上之盟的约定，将燕云十六州还给大宋。此时的金人已经知道宋军是个什么熊样，几十万兵马遇到辽军的残兵败将都被打败，就这样的还敢趾高气扬在这装呢，立刻骂声朝天，喷得宋徽宗无地自容。

宋徽宗怎么能咽得下这口气，立刻组织人马继续北上，对金人动之以情，晓之以理，不仅把原先每年给辽国的岁币转让给金国，还犒劳了金国三军将士，最后花钱购买了燕云十六州中的七座城池。**腐败的朝政也预示着宋朝即将走向灭亡。**

这时代、这一阶级的生活，除了极少数的例外，可以用“骄奢淫逸”四字书之。风行草偃，以这阶级作重心的社会，也整个地被濡染在风气中。由这种生活和风气所产生的文化，当然也是多余的、消费的、颓废的。

——吴晗《古人有意思》

宋金之战：梁红玉击鼓战金山——女子能顶半边天

正所谓巾帼不让须眉，历史上有很多杰出的女性英雄，比如花木兰、穆桂英等，她们的勇气实在令人敬佩。

梁红玉是韩世忠的爱妾，生得花容月貌、国色天香，却偏偏性格刚毅、胸藏韬略。

梁红玉出身将门，她父亲和兄长都是北宋徽宗执政时期的武官，因为征剿方腊义军不利，被逮捕下狱治罪，后来以耽误军情的罪名被诛杀了，年仅 15 岁的梁玉红便被发配充当军妓。

在一次庆功宴上，韩世忠与梁红玉相遇，老天有意促成一段美满姻缘，梁红玉脱籍后嫁给韩世忠做妾。

英雄配美人，谱出一段千古佳话，梁红玉从此就跟着韩世忠守在抗金第一战线。

公元 1129 年，金军统帅宗弼率领了十几万金军攻打宋，金军一举攻破南宋临安，这已经是宋的国都第二次被金军攻陷。

韩世忠手下仅有 8000 兵，这如何能与金抗衡？

韩世忠和梁红玉夫妻二人运筹帷幄，排兵布阵，专等宗弼大军自投罗网，在金军渡江时予以致命一击。

这天，正是正月十五元宵节，韩世忠夫妇为了迷惑金人密探，在浙江嘉兴城里张灯结彩，摆出一副欢度佳节、大闹元宵、军民同乐的架势，暗中却派人连夜赶赴镇江，以逸待劳，抢在金人前面摆好战阵。

金山是镇江的制高点，自古就是兵家必争的战略要地。韩世忠暗想，金军一定会派人登上金山顶上那座古庙，探听宋军虚实，便派出数百士兵埋伏在古庙周围。

韩世忠和梁玉红以鼓声为暗号，

只要梁红玉击鼓，

韩世忠就带领士兵对金军发起进攻。

半夜，宗弼带领着500条战船向金山靠近，耀武扬威，顺流而下。战船越来越近。梁红玉在金山顶上已经看得清清楚楚了，她猛然击起战鼓，韩世忠听到咚咚鼓声，知道时机成熟，立即指挥水军，扯帆迎敌。顿时江面上火光冲天，杀声阵阵。

梁红玉又击鼓，韩世忠心领神会，指挥变换军队阵形，把金军的战船围起来。

这一战下来金军十几万人死伤一半，没有物资的金军被困在水中耗了48天，最后只好杀马充饥，这极大挫伤了金军的锐气。

敏锐勇敢的梁红玉也被封为杨国夫人，名震天下。

战争时用旗、金、鼓指挥，叫作三官。金、鼓管进退，击鼓进军，鸣金退军。

——吴晗《古人有意思》

蒙金决战：金军自称大海，为何被蒙古兵打成了沙漏

蒙古攻打金初期，有人曾说，蒙古是一掬细沙，金是汪洋大海，然而结果出乎所有人意料，一掬细沙最终填平了大海，蒙古是怎么做到的呢？

蒙古和金结仇怨已经很久了，金立国后逐步统治中国北方，迫使蒙古各部臣服，金不仅让蒙古每年纳税，每三年还派人向北剿杀，美其名曰“减丁”，金国长期摧残压榨蒙古人民，使蒙古人对金统治者的恨深入骨髓。

为了防止蒙古报复袭扰，金还建了一条长达1500余千米的界壕，又叫**金长城**。

直到成吉思汗统一了蒙古部落，他用了五年时间打探金国消息，用重金收买了戍守边疆的金国将领，从金国将领口中得知，金统治者面对民众的言论采取的是高压的镇压政策，由此得知**金国内政的腐败和不得民心。**

1211年，成吉思汗发动了蒙金战争，

金国卫绍王完颜永济知道成吉思汗要反金，

却自认为自己泱泱大国，根本不把蒙古放在眼里，

他把兵力重点放在金宋边境之争中。

俗话说："骄兵必败"，不起眼的一个小细节也许就是导致失败的原因。

蒙古为了反金已经做了充足的准备，成吉思汗三次出兵攻打西夏，金国失去了牵制蒙古的力量。

我就像个面团，
任人拿捏。

这下金国腹背受敌，前面是宋的猛烈攻击，后面又是蒙古国的追杀，卫绍王只能向河南逃跑。

曾经显赫一时的金国，除了河南就没地儿去了吗？

确实没地儿去了，金国的东北老家已经反叛，而河北、山东等地爆发了红袄军起义。不堪忍受金国严酷统治的人民纷纷起义，战乱四起，金朝四面楚歌，想要南逃的金朝皇室只能迁都开封，从迁都的这一天起，就标志着腐朽的金朝开始走上灭亡的道路。

公元1234年，宋蒙联军一同进攻金国首都，金国灭亡。

蒙古和金持续了23年的战争终于结束了，骄傲自满的金国被打得千疮百孔，没有充分的准备、轻敌、不得民心都是导致金国失败和灭亡的原因。

宋元之争：文天祥死后为何向南跪拜

骨气这种东西还是挺抽象的，我们常用作形容不屈服于黑暗势力的人，表示他们有骨气。

文天祥就是这么一个有骨气的人。

在现代他应该是“别人家的孩子”，成绩优异，又被皇帝赏识做了大官，可谓事业有成。可惜南宋被忽必烈的蒙古军灭了。

像文天祥这样的人才在哪里都会发光，1279年，文天祥抵达大都，忽必烈并没有对他起杀心，而是想劝他归顺自己。

元朝千方百计地对文天祥劝降、逼降、诱降，参与劝降的人物之多、威逼利诱的手段之毒、许诺的条件之优厚、等待的时间之长久，都超过了其他的宋臣。面对这么大的诱惑，文天祥还是拒绝了。

忽必烈亲自审讯文天祥，在朝堂上，文天祥没有跪拜忽必烈，只是对他行了一个拱手礼。

忽必烈让他下跪，他坚决不屈服。

忽必烈又问他还有什么话可说，文天祥说："现在除了死，没有什么可做的了。"

这惹怒了忽必烈，你想死，那我偏不让你死，忽必烈把文天祥关进了大牢。

文天祥在大牢里度过了三年，在狱中，他收到了妻女的书信，女儿柳娘说她们现在在宫中为奴，每天都过着囚徒般的生活。

这是忽必烈劝他投降的暗示：只要投降，家人即可团聚。然而，文天祥尽管心如刀割，却不愿因妻子和女儿而丧失气节。

在狱中被折磨了三年，文天祥并没有丝毫恐惧，反而还创作了《正气歌》直面死亡。

元世祖忽必烈打算给他最后一次机会，如能回心转意，用效忠宋朝的忠心对元朝，可以给他中书省的位置，文天祥不听，只求一死。气恼的元世祖直接下令赐死文天祥。

第二天文天祥被押解到刑场。面对围观的民众，文天祥问他们："哪边是南方？"人们给他指了方向，文天祥向南方跪拜，说："事已至此，心中无愧！"

不久，有使者前来传令停止行刑，到达时文天祥却已经死了。看到、听到的人，没有不伤心流泪的。文天祥的气节和骨气让他坚持和元朝抗争了那么久，其忠心让人感叹。

宁肯牺牲不肯投降，这是有气节的人，也就是毛主席所说的骨气。

——吴晗《古人有意思》

第五章

已不流行肉搏战的明朝

一言不合，火器来伺候

明朝经济繁荣，科技也有了一定进步，明朝的军事装备比之前朝代也有了长足发展。火药开始在战场上广泛使用。明朝开始，近距离肉搏战逐渐被淘汰。

大明崛起：鄱阳湖大战，朱元璋晕船也能赢

大家对草船借箭、火烧赤壁的故事耳熟能详，虽说古代的兵法有很多，但不是每一个都适合当下情况的，也许稍不小心，就会落入敌人的陷阱当中。

公元 1351 年，因为不满元朝统治者，**红巾军起义爆发，**天下群起响应，经过一系列混战，红巾军起义逐渐从反元暴动转化为群雄争霸。

南方有实力雄厚的朱元璋，西边有自称“大汉皇帝”的陈友谅。

陈友谅控扼上游，拥有安庆、九江、武昌三个战略重镇，统率水陆大军约 10 万人，所以他率先对朱元璋发起战争。陈友谅利用水路优势，修建了很多大船，这些船大到什么程度呢？有些可以满载 3000~4000 人，高达 33 米多，陈友谅乘机发起进攻，他的大军从武昌倾巢出动，兵力号称“80 万”，溯江东下，包围了重要的战略枢纽——鄱阳湖畔的洪都。

反观朱元璋，没有大船，只有小型的战船，
兵力也没有陈友谅那么多，
还没开始，胜负仿佛已经分出来了。

不过朱元璋的小型战船有一个优点：灵活。

陈友谅的水军浩浩荡荡来到鄱阳湖上游，双方激烈交战后，朱军果然打不过陈军，不过双方都死伤惨重。

朱元璋心想，这么打下去不行啊，迟早得败。

一个计划在他脑海中浮现。

他先把船分为七个小队，里面装满了火药和各种炮弹，到了晚上悄悄围着陈友谅的大船进行偷袭，而且专挑这些大船的死角来打，大船不灵活，被朱元璋的小型战船钻了空子。陈友谅很气恼，于是心生一计：**你爱钻空子，那我把船连起来，看你往哪儿钻。**

陈友谅用铁索把船连在一起，大船连起来像一座城墙，然而陈友谅没想到的是，朱元璋这时先把鄱阳湖出口给封了，又利用船连在一起这个特点，用火药把陈友谅的船给炸了。一损俱损，这下陈友谅的优势转变成了劣势，不仅被炸了船，还被朱元璋给包围了。

在决战时陈友谅被箭射中了脑袋，80万大军溃败了，剩下的5万人直接投降了。中国古代水战的主战场并非海洋，而是江河湖泊。考虑地形和环境来制订作战计划，对取得战争的胜利很关键。

根据敌人的兵力部署、遭遇的地点、战场的地形、气候等，来决定作战方案。

——吴晗《古人有意思》

朱张之争：徐达在什么情况下发明的炮楼

为了防止敌人攻城，古代的城门都修建得很高大，保护百姓的安危，也让国家领土安全多一份保障。徐达为了打开城门，发明了炮楼。

徐达和朱元璋一起从小长大，

朱元璋加入农民起义时徐达就一直跟着他。

1366年，徐达被任命为总兵官，和常遇春一起，率兵攻淮东。

淮东一带是张士诚的领地，徐达挥兵北上，很快攻取泰州、高邮、淮安等地，并在徐州击退元军主力的进攻，俘斩元兵万余人。仅半年时间，淮东诸地悉被攻克，张士诚的势力被压缩至江南两浙地区。

徐达统率二十万大军攻打张士诚，张士诚躲在平江不敢出去。

厚厚的城门挡住了徐达等人的路，下一步计划停滞不前。

既然你不出来，那我只好隔着门打你。徐达屯兵于城门外，常遇春、郭兴、华云龙等人分段屯驻，几个人修筑起长长的围墙，又架设起三层的大木塔，居高临下监视城中动静，名为“敌楼”，在上面设置有弓弩、火铳。又用“襄阳炮”日夜轰击城中。

九月，平江城中粮尽，军民以枯草、老鼠为食。

张士诚身陷绝境，但仍不投降。

徐达下令全军强攻破城，城下战鼓擂动，火炮齐鸣，

二十万大军杀声震天。

黄昏时分，张士诚兵力抵挡不住，徐达直接把城门攻破了，张士诚军全线崩溃。徐达指挥全军从四面八方架起云梯，蚁附登城，冲入城内，与敌军展开激烈的斗争。

到了晚上，张士诚眼看大势已去，只好投降了。徐达深知不能强攻城门，所以搭起炮楼日夜消耗敌军，是最明智的取胜方式。

明徐达围攻苏州，叛将熊天瑞教城中作飞砲，城中的木头石块都用完了，拆祠庙民居为砲具。明军也用砲攻城，张士诚的兄弟张士信在城楼上督战，被砲石打死。

——吴晗《古人有意思》

靖难之变：皇帝去哪了？

在中国古代历史上，很少有以皇太孙身份继承皇位的皇帝，这不乱套了吗？

古代的皇位虽是世袭制，也得讲究先来后到。

明王朝的第二位皇帝建文帝就是“隔代”的皇帝，然而四年后他却消失不见了，他去哪里了呢？

建文帝朱允炆是朱元璋的孙子，懿文太子朱标的儿子，不过太子朱标英年早逝，朱元璋立朱允炆为皇太孙，对他寄予厚望，朱允炆也在朱元璋去世之后成功登上皇位。

相较于朱标的仁慈宽厚、威望之高，以及爷爷朱元璋的雷霆手段，朱允炆只能算是一个未经世事的皇帝。

朱允炆在登基之后，迅速将朱元璋时期的弊政进行修改，并且十分依赖文官集团。

皇帝本就年少，根基不稳，又兼缺乏必要的雷霆手段，各地藩王蠢蠢欲动。

公元 1399 年，朱棣选择了造反，无论是用人还是指挥上，建文帝与朱棣高下立判。

朱棣历时三年从北平攻打到南京，**1402 年，南京守将李景隆打开金川门投降朱棣。**

由于军事上胜负已分，建文帝朱允炆自然也知道等待他的是什么命运。就在朱棣打开南京城门之际，南京城突然燃起熊熊大火，这也就造就了明朝历史上最大的悬案——**建文帝下落之谜。**

关于建文帝的死有三个版本

第一个版本是建文帝被火烧死葬身火海了。第二个版本是朱元璋赠朱允炆一个小盒子，并告诉他如果今后有难就打开盒子。朱允炆一看里面是和尚用的僧袍、剃刀、度牒以及白银，还指明了逃亡路线，便扮成和尚的样子逃出生天了。

第三个版本也是最接近真相的，在《明史》中记载大火烧起来的时候，建文帝就不知所踪了，燕王朱棣就派遣太监将建文帝和皇后的尸首找出来，几天后埋葬了。

其实找没找到建文帝的尸首已经不重要了，只有建文帝死了，朱棣才能名正言顺地继承皇位，如果建文帝只是失踪，那么社会舆论对朱棣会很不利，因为他没有资格去继承这个皇位。

法祖是法祖宗成宪，大抵开国君主的施为，因时制宜，着重在安全秩序保持和平生活。后世君主，如不能有新的发展，便应保守祖宗成业，不使失坠。

——吴晗《古人有意思》

大明衰退：50万明军为何一战不胜？

权力，一直都是古代君王追求的东西，稳坐皇位，便有数不清的珠宝钱财和美女，诱惑极大，令人很难不心动。

不过手握大权也有随时掉脑袋的苦恼，一边要防止有人叛变，另一边又生怕满朝文武官员分享自己的权力，在这样巨大的压力下，**皇帝明英宗被权力给害了。**

瓦剌隶属于明王朝的统治，所以瓦剌每年都要向明王朝进贡。

起初，进贡的礼节使者少，贡品优质，后期随着使者的增加和贡品质量的下降，明英宗便不再给对方更多的赏赐，瓦剌捞取利益的计划没有得以最终实现，并受到了明王朝的制裁，于是恼羞成怒，决定以此为借口，进行反叛并进攻明朝。

一个小小的瓦剌怎么敢叛变，明英宗跟文武大臣讨论了此事，在太监王振的建议下明英宗准备亲征瓦剌。

这还得了？

本来文武百官就一直在争夺权力，如果这次战胜，那么武官的权力就会变大，自己的权力就会被削弱。

大明王朝一片混乱，文官无法阻止明英宗亲征瓦剌，在没有充分准备的情况下，明英宗率领50万大军浩浩荡荡出发。

明英宗对王振非常信任，甚至把指挥军队的权力交给了他，然而王振并没有亲自参加过战争，所以在军事上一窍不通。

没有丝毫准备的明军还没开打就出现缺少粮草的问题，加上王振并没有指挥大军作战的能力，他组织不当，导致前线的明军混乱不堪。

原本应该到此为止，明军撤退回去整装待发，或许还有获胜的机会。

更令人难以想象的是，王振在退军时担心大军损坏他家乡的庄稼，因此屡次修改行军路线，导致士兵疲惫不堪。最终明军被瓦剌大军追上，50万的明军全军覆灭，明英宗也被瓦剌俘虏了。

明朝文官集团势大，明英宗希望用这场战争证明自己的能力，同时进行权力清洗，从官员们手中夺回实权，为此明英宗将权力全部交给自己的心腹太监王振。

然而不管是王振还是明英宗，都不擅长指挥军队，可他还是硬着头皮上了，只为了追求权力。

就政体来说，除了少数非常态的君主个人行为，大体来说，1400 年的君主政体，君权是有限制的，能受限制的君主被人民所爱戴。反之，他必然会被倾覆，破家亡国，人民也陪着遭殃。

——吴晗《古人有意思》

国之大士：不喝酒烫头的于谦

今天我们谈的这位于谦，是明朝进士，西湖三杰之一，于少保，于谦。

明英宗被俘虏之后，这大明朝总得有人继承，明代宗即位，但是明代宗资历尚浅，对国事没有什么概念，也不知道该怎么当好一个皇帝。

于是以于谦为头目，辅佐明代宗治国。

有大臣说星象有变，

所以应该把首都迁到南京才得以转运，

于谦坚决反对，

本来国家动荡不稳，这一迁都，不是正好让敌人钻空子吗？

于谦力主抗战，得到吏部尚书王直、内阁学士陈循等爱国官员的支持，明代宗肯定了他的主张，防守的决策就这样定下来了。

当时京师最有战斗力的部队、精锐的骑兵都已在土木堡失陷，剩下疲惫的士卒不到十万，人心惶惶，朝廷上下都没有坚定的信心。

于谦请明代宗调南北两京、河南的备操军，山东和南京沿海的备倭军，江北和北京所属各府的运粮军，立即赶往京师支援，人心才稍稍安定。

随后，于谦升任兵部尚书，全权负责筹划京师防御。

于谦还建议明代宗除王振全族，因为他一人失误导致全军覆灭，该诛杀全族。

王振党羽、锦衣卫都指挥使马顺站出叱斥百官，满朝官员忍不下这口气，当庭把马顺杀了。

于谦这样与众不同的做法很快引起了其他官员的不满，每次他有反对意见时，都会遭到其他官员的排挤。

1457年明英宗复辟，于谦被陷害，含冤而死。

后来陷害于谦的大臣因为贪污被发现，明英宗才知道于谦的清廉，死时没有多余的钱财，一生都在为江山社稷做打算。

1489年，于谦被复官赐祭，《明史》称赞其“忠心义烈，与日月争光”。他与岳飞、张煌言并称“西湖三杰”。

国有大业，取决于群议，是几千年来一贯的制度。

——吴晗《古人有意思》

大明军制：一人为军世代为军

中国古代的皇帝是世袭制的，一代传一代，有没有听说过当兵也要世袭的？

明太祖朱元璋继承和发展了唐、宋、元的军制特点，创立了卫所制。

他在全国要地设立卫所，

这个制度在维护明朝君主专制主义中央集权的统治中发挥了巨大的作用，等于说皇帝直接掌控军权。

明代的从军是世袭的，军是一种特殊的制度，自有军籍。

在明代的户口中，军籍和民籍、匠籍平行；军籍属于都督府，民籍属于户部，匠籍属于工部，但是军籍地位又比民籍、匠籍高。兵恰好相反，任何人都可以应募，在户籍上也没有特殊的区别。

别以为军籍地位高就想着从军，军是世袭的、家族的、固定的，一经为军，他的一家便世代从军，住在被指定的卫所。

直系壮丁死亡或老病，须由次丁或余丁替补，如果都没有，就要由原籍族人顶替。

在明代初期，军费基本上都是自给自足的，军饷的大部分由屯田收入支给，根本没有什么福利之说。

为了能支撑国库，明太祖朱元璋鼓励商人到边塞去开垦，用谷物来换政府的盐引，取得买盐和卖盐的权利，商人和边军双方都得到好处。

兵是因特殊情势临时招募的，国库空虚不足以支撑军饷，明朝政府只好临时加赋加税，或者纳捐，大部分由农民负担。

农民苦不堪言，政府的勒索和官吏的剥削引起农民的武装反抗。

政府要镇压农民只好增兵，如此循环，情况愈来愈恶劣。

卫军时间一长，便日益废弛，趋于崩溃，渐渐不能自给自足了，需要国家财政支持。

同时军力损耗，国防脆弱，难以抵御少数民族的入侵。政府只好募兵，这就更增加农民的负担，交不起保护费的农民便纷纷起义。

明政府用全力镇压农民起义，后金势力乘虚而入，在内外交困的情势下，颠覆了明朝的统治。

到明末，明军战斗力转弱，并相继逃亡，终于无法挽救明朝的灭亡。

从养军300万基本上自给的卫兵制，到军费完全由农民负担，国库支出；从有定额的卫军，到无定额的募兵；从世袭的卫军，到雇佣的募兵，这是明代历史上一件大事。

——吴晗《古人有意思》

戚家神器：东洋战刀不过是矮脚猫

所谓十八般兵器，人们最常听说的就是刀、枪、剑、戟、斧、钺、钩、叉等。在这里面刀被排在了第一位，这说明了刀在战斗中的重要地位。

所谓戚家刀，

狭义上是指戚继光军队里面所用的刀，

广义上是指自戚继光以后明清时期生产的这种类似戚继光改良后的刀，

不单单是指戚继光的刀。

这类刀在一定程度上借鉴了倭刀的弧度样式，

也就是日本武士的刀，

柄一般是直的或者前下弯，而不是类似于日本刀的后弯式，

这比较符合中国人的习惯。

戚家刀的刀刃主要材质有两种，一种是铁，一种是铜，手柄装具的造型可以分成方形、四瓣瓜型、柄头下弯茄形等。铁装的零件上一般都错银，纹饰有很多种，有错银龙、米字格、万字格、海水江崖等。铜装多有鎏金，有些铜装还做高浮雕的式样。

刀刃长度 680~780 毫米，花纹明显，锻造戚家刀多在山西、河北两地，花纹形式多有“流水”“旋焊”这样的纹路，戚继光提出“铁要多炼、刃用纯钢”的要求，用百炼钢做刀身，纯钢做刀刃，做到整体刚柔并济，虽然锋利，但由于是纯钢做的，刀身很沉重。

戚继光学习了日本刀的姿态，整体一改往日风格。明军不用像倭寇那样注重单个刀体的研磨，更加注重整体的功效和制造成本，不像造价昂贵的日本刀，根本无法大规模普及。

戚家刀整体强度都非常好，非常适合有一定规模战场的格斗。

明朝时期倭寇作乱，战争中的溃兵败将和一些失业浪人逃往海上，加入倭寇的行列中来。**戚继光自己建立了戚家军，**根据倭寇分散的特点，**创立攻防兼宜的“鸳鸯阵”，**以12人为一队，长短兵器皆用，刺卫兼顾，因敌因地变换阵形，屡败倭寇。

后来戚家刀慢慢改进，戚家军的实力越来越强，才结束长达十年之久的抗倭之战，基本荡平东南沿海倭患。

嘉靖时戚继光之戚家军、俞大猷之俞家军，都还不能不听命于中央，到明朝末年，民穷财尽，内外交困，在非常危急的局面下，需要增加庞大的兵力。

——吴晗《古人有意思》

明朝火器：功夫再高，不如重炮

火药是中国的四大发明之一，火药不仅是制成炮弹的材料，在现代还可以制作成烟花，绚烂的烟花在空中绽放，谱写了历史的篇章。

明朝时期有一种叫神机枪的新式武器传入中国，用熟铜或生、熟赤铜相间铸造，大小不等，大的要用车，小的则用架，是当时行军的重要武器。

明成祖非常重视这种新武器，还特别组织了一支特种部队，叫神机营。

这种神机枪也有缺点，就是临时装火药，一发打出去装第二发要用很长时间，在这空隙敌人摸清战况，等到神机枪打出之后，立刻冲锋直上，火器也就无从施展威力了。

1517年葡萄牙商船到广东通商，白沙巡检何儒买了他们的炮，当时葡萄牙叫佛郎机，所以这种炮就叫佛郎机。

这种炮用铜制造，长五六尺，大概是现在的1.5米左右，大的重500多千克，小的重75千克，巨腹长颈，腹部有长孔，可以放火药，射程达到300多米。

1519年宁王叛变，福建莆田乡官林俊得到消息，连夜派人用锡制作了佛郎机的模型和火药配方，可惜没有用上，宁王就被俘虏了。

到了1529年佛郎机才被正式制造出来，并发给各边镇用于防守。

到明末，又传入红夷炮，长约7米，重的达1500千克，能打穿城墙，威力巨大。

兵部建议招一些精于火炮的西洋人来内地制造火炮。制成后命名为大将军，并且派官祭炮。

1626年，明将袁崇焕在宁远防守边境，和后金作战。

明军用红夷炮轰击敌人，打了一个大胜仗，这就是著名的宁锦大捷。

传说清太祖努尔哈赤就是被红夷炮打伤致死的。

1631年，明将孔有德带着红夷炮投降后金，后来，清朝也开始制造炮。

现在陈列在北京故宫午门左右阙门的几尊古老的大炮，就是明清战争的遗物。

火药从中国传到欧洲、东南亚、日本和世界各地。到 15 世纪，中国又从安南（今越南）、葡萄牙、日本等国输入各种用火药制成的火器。

——吴晗《古人有意思》

第六章

输在海上的清朝

骑马打仗可以，水上就不行了

白山黑水的关外来了一群骁勇善战的骑士，一下把明朝赶下了台。从此，高傲的清朝闭关锁国，外面有啥厉害的武器他们都不知道，当他们知道的时候，已经被人打到家门口了，而且让他们想不到的是，骑马技术一点儿都用不上，因为人家是从海上打过来的。

大清风云：13副铠甲开辟清朝江山

白手起家做大做强需要多久？如果一个人想要建立一个王朝又要多久？有一个人仅仅用了三年时间，就建立了一个王朝。

这个人就是努尔哈赤，清朝的奠基人。

1583 年，努尔哈赤的父亲被尼堪外兰杀害，仇恨的种子在他心中埋下，为父亲报仇是他的梦想。

当时明朝为了安抚努尔哈赤，赐给他敕书30道，马30匹，又加上努尔哈赤自有13副铠甲，就这样他成了新一任的建州左卫指挥，这也有了统一建州诸部的大义名分。

13副铠甲起兵不是说努尔哈赤只有13人，而是指他有13个披甲的武士。

当时，女真部里最强的是叶赫部，叶赫部首领清佳努、杨佳努在1584年被李成梁斩杀后，这个边患才基本解除，但这又给努尔哈赤提供了发展的空间。

努尔哈赤先从统一建州诸部开始，一点点壮大，终于在1586年杀了尼堪外兰。

杀父之仇已报，努尔哈赤的野心也收不住了，想想之前被人欺负的屈辱日子，父亲被人杀害自己却没有能力的时候，努尔哈赤决定自己建立王朝。这就不得不说起那13副铠甲的故事。

当时铠甲属于金属盔甲，不能私造，

努尔哈赤是世袭官员，世代为朝廷戍边，这才合法拥有铠甲，起初起兵是为了打尼堪外兰，小部落打小部落，也就这个标准。

后来努尔哈赤势力逐渐扩大，便自己造起铠甲。

后金军队装备极为精良，早期后金军队与明朝在铠甲、武器的设计上大致相同，但由于明朝政府极度腐败，加上军队屡战屡败，武器供应不足，明朝军队所装备的武器、铠甲是远远不如后金军队的。

仅仅只有铠甲还是不够的，

同明朝的战争进入僵持之后，

后金立刻开始红夷大炮的仿制工作，

后来孔有德投降后金，为后金带去了大量会制造火器的工匠，

后金军队及后来的清军才利用火器优势打败明朝。

战将为了保护自己，就得戴盔披甲，一副盔甲分量是很重的，骑将的马也得披甲，再加上武器本身的重量，没有极健壮的体魄是支持不了的。

——吴晗《古人有意思》

国土之争：主动出击的雅克萨之战

中国作为礼仪之邦的大国，从来都是先礼后兵，也不会主动侵略别的国家，但是历史上却有一战是主动出击的，这到底是怎么回事呢？

雅克萨位于黑龙江省漠河市以东黑龙江北岸，
明末的时候沙俄就一直觊觎着这大片疆土。
康熙期间，沙俄和大清之间隔着西伯利亚，
沙俄跨过来抢占了雅克萨。

这怎么能忍？康熙正忙于国家统一和平定三藩之乱，只是遣使交涉、警告，但都没用，沙俄反而更猖狂了。

康熙帝明白，只有使用武力，才能驱逐沙俄侵略军。康熙帝派人以捕鹿为名，渡黑龙江侦察雅克萨的地形、敌情；又派当地达斡尔、索伦族头人随时监视敌情变化；令蒙古车臣汗部断绝与沙俄军贸易，以封锁侵略者。

观察了敌情后，康熙帝并没有立马行动。

他先是让人修了驿站，

在当地驻扎营地，贮备军需，

又调了一批军队赶往雅克萨支援。

1683年，康熙帝见时机成熟，下令攻打沙俄侵略军。

因为准备充足，对敌人的情况了如指掌，所以这一次战争很快就击溃了沙俄侵略军，沙俄战败后保证撤出雅克萨城。被迫撤离雅克萨后，沙俄侵略军贼心不死，继续拼凑兵力，图谋再犯。

1685年，沙俄军队见清军撤走之后又卷土重来，俄军这一背信弃义的行为引起清政府的极大愤慨。

康熙接到奏报，下令立刻反击。

七月二十四日，清军2000多人进抵雅克萨城下，将城围困起来，勒令沙俄侵略军投降，沙俄不理。就这样清军和沙俄侵略军耗上了。侵略军被围困，战死、病死很多，826名侵略军，最后只剩66人。沙俄摄政王索菲亚急忙向清朝请求撤围，遣使议定边界，清政府答应了。

雅克萨反击战结束后，双方在1689年七月二十四日签订了中俄《尼布楚条约》，从此划分了中俄两国的界线。

雅克萨之战也是中国对沙俄的一次自卫反击战。

在异族割据或统治下，征服者和被征服者的关系愈加尖锐化。

——吴晗《古人有意思》

鸦片战争：屈辱近代史的开端

鸦片是一种毒品，它损害人的身心健康，让人丧失理智，一直都是我国的违禁品。

鸦片这东西，据说在唐朝的时候，就曾由阿拉伯人输入中国。到明朝中外通商以后，葡萄牙人再从印度输入中国，不过那时输入数量很少，每年约 200 箱，每箱重约 50 千克，而且价值和黄金一样昂贵，只供医药上的应用。

到了清朝，英商向中国大量输入鸦片，1773 年输入了 1000 箱，此后每年都有增加，直到 1838 年更高达 4 万箱以上。

当时在中国占统治地位的是自给自足的自然经济，它对西方资本主义工业品的入侵有着顽强的抵御力，英国的商品在中国一时很难获得广泛的销路。于是贪婪的英国商人便把鸦片作为打开中国大门的重要手段。源源不断输入的鸦片，不仅在生理上、精神上毒害中国人民，而且使白银大量外流，导致中国国弊民穷。

1838 年底，道光帝派林则徐为钦差大臣，前往广东查禁鸦片。

1839 年 6 月 3 日至 25 日，林则徐下令将收缴的鸦片在虎门海滩当众销毁。

这下英国商人不干了，1840 年，英国政府借口“保护贸易”，派兵侵略中国。

英军乘浙江防务空虚，攻占定海，并沿海北上攻占天津海口大沽，后来又攻占了广州虎门。

清政府被洋枪洋炮吓破了胆，官僚迂腐懦弱，沿海地区除广东外，战备松弛，只能眼睁睁看着中国一步步沦陷在英国侵略者的魔爪之中。

1841年8月，英国扩大侵略战争，攻陷厦门。第二年，英军沿长江向下游进攻，6月攻陷吴淞，7月攻陷镇江，进犯南京。

腐朽的清政府向侵略者屈膝投降，在1842年8月，与英国签订了丧权辱国的《南京条约》。

打了败仗还要割地赔钱，在《南京条约》中清政府割让了香港岛给英国，向英国赔偿2100万银元，开放广州、福州、厦门、宁波、上海五处为通商口岸，允许英人居住并设派领事。

这就相当于引狼入室，也为后来八国联军侵华埋下了种子。

鸦片的危害清朝官僚都一清二楚，但还是依旧允许鸦片走私，仅仅是为了从中贪污获得利益。据 1835 年的估计，全国吸食鸦片的人在 200 万以上。这些嗜好鸦片的人，就是贵族、官僚、士兵、地主、士绅、商贾、太监、优伶、隶役、僧尼道士、娼妓等，总之就是统治集团本身和依附统治集团的一些人。

走私鸦片害人又害己，一定要记住远离鸦片。

烟禁的开放，只限于自种自用，从国外走私输入，仍然要杀头。

——吴晗《古人有意思》

甲午海战：北洋水师的舰艇有多少

人类探索的历程是不会停止的，不满足于被陆地限制，人们开始把目光转向了大海。最初航海只是为了文化交流，随着科技进步，舰艇的出现打破了和平。

英国凭借海军优势，在广东沿海多次进行挑衅，并发动**第一次鸦片战争。**

清政府开始认识到英国的船坚炮利，为了加强海防和抵抗侵略，着手采购外国船炮，筹划建立一支近代海军。

北洋水师，或称作北洋舰队，1888 年正式成立，是中国建立的一支近代化海军舰队，同时也是清朝建立的四支近代海军中实力最强、规模最大的一支，李鸿章是当时的主要负责人。

北洋水师成立后，

清政府每年拨出400万两白银给予海军建设。

舰队实力曾是亚洲第一，世界第九。

如此强大的军舰后来却因为种种原因被日本超越，

在甲午战争中全军覆灭了。

刚建立时的北洋水师还是很厉害的，毕竟也是亚洲第一。北洋水师的主战舰队主要军舰（大的和小的）共有16艘，最大的两艘军舰定远号和镇远号排水量分别是7200吨和7335吨左右，定远舰功率4560千瓦，镇远舰功率5296千瓦，两舰主炮均装备4门德国克虏伯305毫米后膛炮，左舷右舷各一座双联装炮塔。

鱼雷艇13艘，当时的鱼雷完全依赖进口，到甲午战争前一直未能获得补充，已有鱼雷早已磨损腐蚀老旧不堪，可靠性大打折扣。加上练习舰、运输舰、布雷舰、通报舰等辅助军舰50艘，运输船30艘，官兵4000余人。北洋水师就是由这样如此庞大的体系组成。

按道理来说这样的海军舰队不应该打不过日本这个小国的，问题就出在清朝的政策上。

清朝不仅实行闭关锁国政策，官员的腐败贪污使得北洋水师缺少资金，买不起优质煤，也换不起陈旧的锅炉，军舰也逐渐老化了。

直到日本对中国发动侵略战争，手忙脚乱的清政府派北洋水师作战，这一战才知道，我们的实力已经落后了别人许多。

历史时刻提醒着我们，要不断探索学习，才能使国家越来越强大。

前期吏治贪污，政府尚执法以绳，社会舆论也往往加以指责。后期则以贪污为正常现象。

——吴晗《古人有意思》

民族英雄：邓世昌为何撞击敌舰

在面对外来侵略时，我们总能看到为国捐躯的英雄挺身而出，怀着一颗爱国的心，以振兴国家为己任。保家卫国是我们每个人的责任。

清朝末年有一个伟大的爱国者叫邓世昌，

他从小学习航海驾驶，天资聪慧，加上他刻苦学习，

所以他的理论知识水平是诸多学员中最出色的，

而且驾驶操作技术也是十分的厉害。

报效祖国一直是他的愿望，

在日本对中国发动侵略的时候，他就参与了抵御侵略的战争。

1894 年甲午战争爆发，邓世昌作为海军将领迎战日本吉野号。

当时清朝是一个闭关锁国的状态，虽然花费了大量的金钱和物资用来培养航海部队，但是其实大部分的钱都被官员贪污了，所以作战能力大大不如装备精良的日本。

即便如此，将士们视死如归，拼上性命与日军搏斗。但是很快，担任指挥的船便遭受重创，军队面临群龙无首的局面。致远舰舰长邓世昌冷静指挥，命令在自己的船舰上升起战旗，使致远舰成了领舰。邓世昌带领致远舰勇猛冲锋，日军的炮火也对准了致远号。

致远舰多处受伤，船身倾斜，邓世昌率领全舰官兵全速撞向日本主力舰吉野号，日军被这一不要命的行为震慑了，惊慌失措地向致远号发射炮弹，致远舰在进击途中被日军的鱼雷击中，发生爆炸，在火焰中沉入了海底。

人们都不能理解邓世昌的行为，其实致远舰资源充足，完全可以全身而退，邓世昌为什么还要勇往直前冲向日本军舰呢？

直到 2015 年致远舰的残骸被发现，专家们发现致远号的鱼雷管里竟然有一颗装填好的鱼雷。

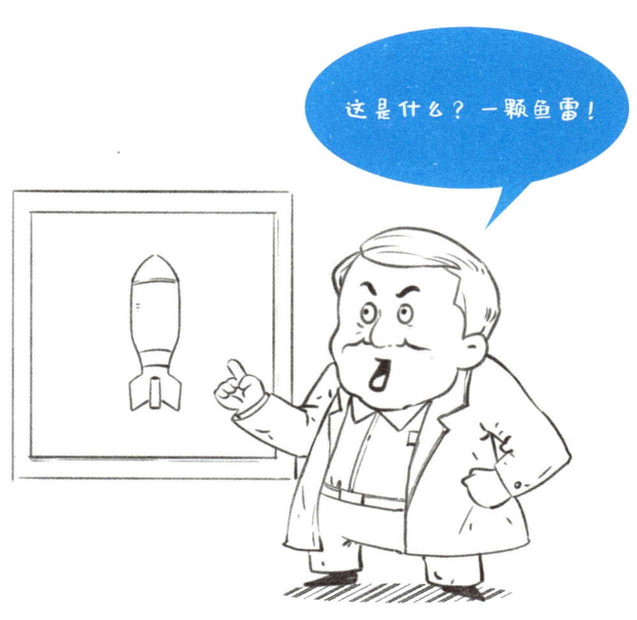

清朝的武器还不像现在这么先进，鱼雷稳定性非常差，若在稍远距离发射，容易发生偏离目标的情况，所以当时只有在快要发射鱼雷的时候，船舰上的人员才会把鱼雷管装填起来。因此在致远舰沉船的时候，它其实是准备向敌舰发射鱼雷的。邓世昌此时距离日本船队比较远，又没有远距离炮弹可以发射，所以为了提高鱼雷的命中率，给敌军造成重创，他才英勇地冲向敌阵，缩短攻击距离。

原来，邓世昌冲向敌舰并不是有勇无谋才去撞击吉野号，而是想要发射鱼雷，只可惜未能成功，随致远号一同沉入漫漫黄海之中。他舍生报国的民族气节直到今天仍被人们永远铭记，他的伟岸身影在历史长河中闪闪发光。

现代战争广泛运用科学技术成就，苏联的洲际火箭、导弹可以击中地球上任何一个角落，百发百中，使得手太短的战争狂人不敢轻易发动毁灭自己的战争。

——吴晗《古人有意思》